essentials

Essentials liefern aktuelles Wissen in konzentrierter Form. Die Essenz dessen, worauf es als „State-of-the-Art" in der gegenwärtigen Fachdiskussion oder in der Praxis ankommt. Essentials informieren schnell, unkompliziert und verständlich

- als Einführung in ein aktuelles Thema aus Ihrem Fachgebiet
- als Einstieg in ein für Sie noch unbekanntes Themenfeld
- als Einblick, um zum Thema mitreden zu können.

Die Bücher in elektronischer und gedruckter Form bringen das Expertenwissen von Springer-Fachautoren kompakt zur Darstellung. Sie sind besonders für die Nutzung als eBook auf Tablet-PCs, eBook-Readern und Smartphones geeignet.

Essentials: Wissensbausteine aus Wirtschaft und Gesellschaft, Medizin, Psychologie und Gesundheitsberufen, Technik und Naturwissenschaften. Von renommierten Autoren der Verlagsmarken Springer Gabler, Springer VS, Springer Medizin, Springer Spektrum, Springer Vieweg und Springer Psychologie.

Bernd Schröder

Kunststoffe für Ingenieure

Ein Überblick

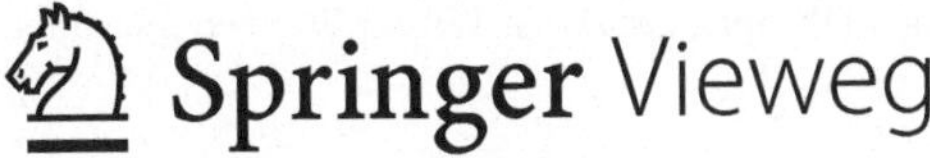

Dr.-Ing. Bernd Schröder
Aalen
Deutschland

ISSN 2197-6708   ISSN 2197-6716 (electronic)
ISBN 978-3-658-06398-6   ISBN 978-3-658-06399-3 (eBook)
DOI 10.1007/978-3-658-06399-3

Die Deutsche Nationalbibliothek verzeichnet diese Publikation in der Deutschen Natio-
nalbibliografie; detaillierte bibliografische Daten sind im Internet über http://dnb.d-nb.de
abrufbar.

Springer Vieweg

Gedruckt auf säurefreiem und chlorfrei gebleichtem Papier

Springer Vieweg ist eine Marke von Springer DE. Springer DE ist Teil der Fachverlagsgruppe
Springer Science+Business Media
www.springer-vieweg.de

Was Sie in diesem Essential finden können

- Kunststoffbezeichnungen
- Kunststoffeigenschaften
- Kunststoffanwendungsbereiche

Vorwort

Dieses Werk ist ein Auszug aus „Springer Ingenieurtabellen" von Ekbert Hering und Bernd Schröder. Dieses Buch hat sich mit seinen Praxis-Tabellen als Ergänzung zu „Hütte Das Ingenieurwissen" bewährt. Das Werk wendet sich an Studierende und Ingenieure.

In der Technik sind heutzutage neben den Metallen die Kunststoffe nicht mehr wegzudenken. Mit den zunehmenden Entwicklungen in der organischen Chemie hat sich ein riesiges Feld von Materialien ergeben, deren Eigenschaften sich in vielfältiger Hinsicht den jeweils speziellen Aufgaben ihres Einsatzes nutzbar machen lassen.

Die Kunststoffe werden mit ihren Bezeichnungen vorgestellt und den Kunststoffgruppen zugeordnet. Ausgesuchte Materialien sind mit ihren mechanischen, thermischen und elektrischen Eigenschaften aufgelistet. In ihren Grundeigenschaften werden die gängigen Duroplaste, Thermoplaste, Elastomere und Schäume behandelt und übliche Anwendungsbereiche benannt.

Inhaltsverzeichnis

Einleitung 1

Die Wahl eines *Kunststoffs* wird durch den Preis oder die Eigenschaften bestimmt. Der Preis ergibt sich durch die Häufigkeit des Vorkommens der Ausgangsmaterialien und den Schwierigkeitsgrad der Gewinnung. Hierbei handelt es sich in aller Regel um Moleküle aus dem organischen Chemiebereich, welche durch geeignete Maßnahmen veranlasst werden, sich miteinander zu verbinden, so dass letztlich lange Ketten entstehen, die je nach Zielvorstellung, sich miteinander verknüpfen. Bei den Eigenschaften der Materialien interessieren deren mechanischen, thermischen und elektrischen Eigenschaften, die meist auch temperaturabhängig sind. In einigen Fällen ist auch die Wasseraufnahme der Kunststoffe von Belang.

Die ersten Anfänge der Kunststoffherstellung kann man Mitte des 19. Jahrhunderts beim Vulkanisieren von Kautschuk erkennen. Gegen Ende des Jahrhunderts stand die Entwicklung des Celluloids. Dann ging aber die Entwicklung mit Anfang des 20. Jahrhunderts mit großen Schritten schnell voran (Bakelit). Man brachte auch Fremdstoffe in die Kunststoffe ein, um deren physikalische Eigenschaften zusätzlich zu modellieren.

Heute begegnet uns ein riesiges Feld von Produkten und Produktgruppen, so dass die Orientierung für den nach einem geeigneten Material Suchenden sich schwierig darstellt. Bei einem vorliegenden, bekannten Material sind dessen Eigenschaften häufig auch nicht gleich zugänglich. Hier sollen die folgenden Abbildungen, Tabellen und Auflistungen Hilfestellung geben.

B. Schröder, *Kunststoffe für Ingenieure*, essentials,
DOI 10.1007/978-3-658-06399-3_1, © Springer Fachmedien Wiesbaden 2014

Kunststoffe 2

2.1 Einteilung

Kunststoffe bestehen im Wesentlichen aus *organischen Stoffen*. Bei der Herstellung werden die Moleküle geeigneter niedermolekularer Verbindungen (*Monomere*) durch eine chemische Synthese miteinander zu *Makromolekülen* verknüpft (Moleküle mit sehr großer Anzahl von Atomen). Es entstehen *hochpolymere* Werkstoffe, Abb. 2.1.

Unter *Polymer-Werkstoffen* versteht man nicht nur Kunststoffe, sondern auch Werkstoffe aus Naturstoffen.

Kunststoffe werden nach DIN 7724 eingeteilt in (Tab. 2.1):

- *Thermoplaste:* Unvernetzte Kunststoffe, die sich *energie-elastisch* verhalten und bei *Erwärmen erweichen* oder *schmelzen.* Deshalb können sie gut verarbeitet werden (z. B. Spritzgießen, Extrudieren, Schweißen).
- *Thermoplastische Elastomere:* Weitmaschig vernetzte, mehrphasige Kunststoffe, die bei einer bestimmten Temperatur erweichen oder schmelzen.
- *Elastomere:* Weitmaschig vernetzte Kunststoffe, die sich *gummielastisch* verhalten und bis zur Zersetzungstemperatur nicht schmelzbar sind.
- *Duroplaste:* Hochgradig vernetzt. Nicht schmelzbar und hart.

2.2 Herstellung

Kunststoffe werden aus *Vorprodukten* hergestellt. Dies sind meist Pulver oder Granulat (*Formmassen*). Bei bestimmten Temperaturen werden sie mit entsprechenden Fertigungsverfahren (z. B. Pressen, Stranggießen oder Spritzgießen) zum *Formstoff* bleibend verformt. Oft werden dem Formstoff aus Gründen der technischen Anforderung oder aus wirtschaftlichen Gründen *Füllstoffe*

B. Schröder, *Kunststoffe für Ingenieure*, essentials,
DOI 10.1007/978-3-658-06399-3_2, © Springer Fachmedien Wiesbaden 2014

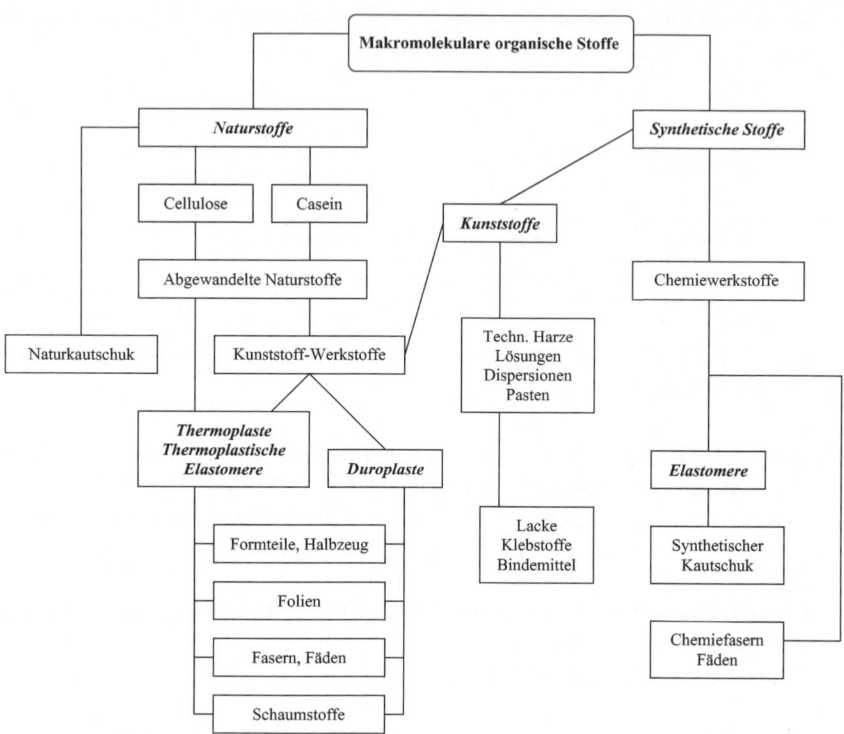

Abb. 2.1 Makromolekulare Werkstoffe

Tab. 2.1 Einteilung der Kunststoffe

Thermoplaste	Thermoplastische Elastomere	Elastomere	Duroplaste
Unvernetzt	Schwach vernetzt		Stark vernetzt
Linear bis verzweigt	Physikalisch vernetzt Chemisch vernetzt		Chemisch vernetzt
Schmelzbar löslich	Schmelzbar löslich	Nicht schmelzbar Nicht löslich Quellbar	Nicht schmelzbar Nicht löslich Nicht quellbar
Plastisch formbar i. a. hoher E-Modul	Gummielastisch kleiner E-Modul		Nicht plastisch formbar hoher E-Modul

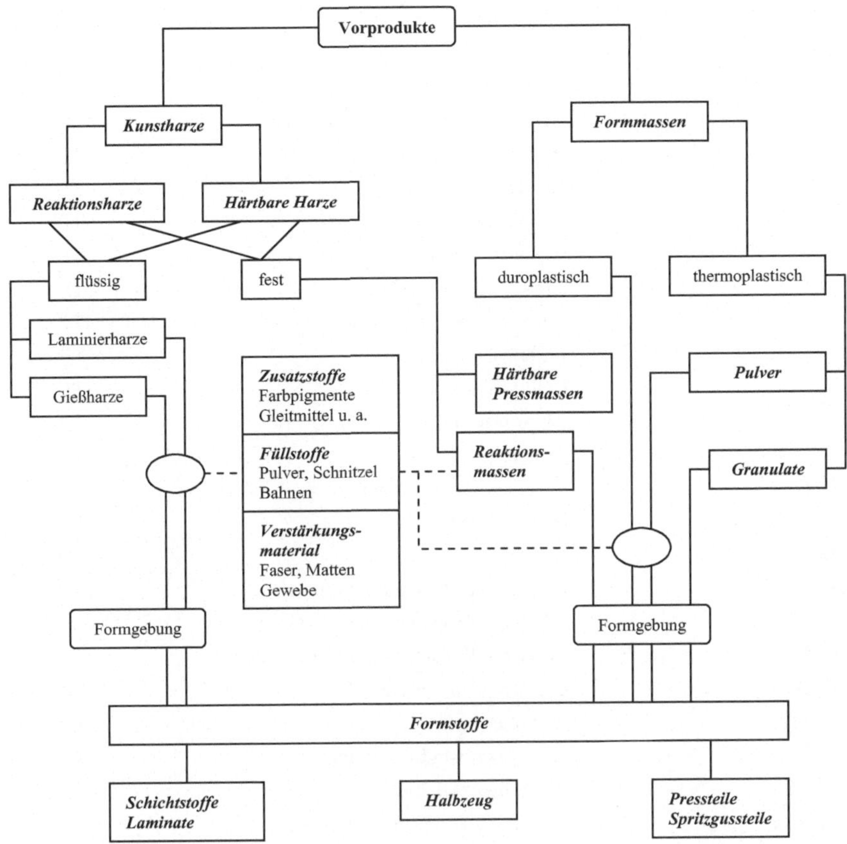

Abb. 2.2 Herstellung der Kunststoff-Werkstoffe

(z. B. Holz, Papier- oder Textilschnitzel bzw. Glasfasern) zugegeben. Durch Zugabe von *Kunstharzen* wird der makromolekulare Endzustand der Kunststoffe erreicht (Abb. 2.2).

2.3 Normung

Kunststoffe werden durch festgelegte Buchstaben und Kurzzeichen charakterisiert. Für die Basis-Werkstoffe ist DIN EN ISO 1043 zuständig, für Kunststoff-Formteile DIN EN ISO 11469, siehe Tab. 2.2.

Tab. 2.2 Bezeichnungen für Kunststoffe

Bezeichnung		Art[a]
ABS	Acrylnitril – Butadien – Styrol	TP
AMMA	Acrylnitril – Methylmethacrylat	TP
ASA	Acrylnitril – Styrol – Acrylester	TP
CA	Cellusloseacetat	TP
CAB	Cellusloseacetobutyrat	TP
CAP	Celluloseacetopropionat	TP
CF	Kresol – Formaldehyd	TH
CMC	Carboxylmethylcellulose	TP
CN	Cellulosenitrat	TP
CP	Cellulosepropionat	TP
CPE	Chloriertes PE	TP
CS	Casein	TH
CSF	Casein – Formaldehyd	TH
EC	Ethylcellulose	TP
EP	Epoxid	TH
EP-GF	Glasfaserverstärkte Epoxidharze	TH
EPDM	Ethylen – Propylen – Dien – Gummi	G
EPM	Ethylen – Propylen – Gummi	G
EVA	Ethylen – Vinylacetat	TP
HDPE	PE hoher Dichte	TP
LCP	Flüssiges kristallines Polymer	TP
LDPE	PE geringer Dichte	TP
LLDPE	PE mit linear geringer Dichte	TP
MDPE	PE mittlerer Dichte	TP
MF	Melamin – Formaldehyd	TH
PA	Polyamid (Nylon)	TP
PAI	Polyamidimid	TP/TH
PAN	Polyacrylnitril	TH
PAR	Polyarylat	TP
PB	Polybuten	TP
PBI	Polybenzimidazol	TH
PBT	Polybutylenterephtalat	TP
PC	Polycarbonat	TP
PCTFE	Poly chlortrifluorethylen	TP
PCT	Polycyclohexyldimethylterephtalat	TP
PE	Ployethylen	TP

Tab. 2.2 (Fortsetzung)

Bezeichnung		Art[a]
PEEK	Polyetheretherketon	TP
PEI	Polyetherimid	TP
PEK	Polyetherketon	TP
PES	Polyethersulfon	TP
PET	Polyethylenterephtalat (Polyester)	TP
PF	Phenol – Formaldehyd	TH
PI	Polyimid	TH
PIB	Polyisobutylen	TP
PMMA	Polymethylmetacrylat	TP
POM	Polyoxymethylen, Polyacetal	TP
PP	Polypropylen	TP
PPO	Polyphenylenoxid	TP[b]
PPS	Polyphenylensulfid	TP
PS	Polystyrol	TP
PSU	Polysulfon	TP
PTFE	Polytetrafluorethylen (Teflon)	DP
PUR	Polyurethan	TP/DP
PVAC	Polyvinylacetat	TP
PVAL	Polyvinylalkohol	TP
PVB	Polyvinylbutyral	TP
PVC	Polyvinylchlorid	TP
PVCA	Polyvinylchloridacetat	TP
PVCC	chloriertes Polyvinylchlorid	TP
PVC-P	Weichmacherhaltiges PVC	TP
PVC-U	Weichmacherfreies PVC	TP
PVDC	Polyvinylidenchlorid	TP
PVDF	Polyvinylidenfluorid	TP
PVF	Polyvinylfluorid	TP
PVP	Polyvinylpyrrolidon	DP
PVFO	Polyvinylformal	TP
SAN	Styrol -Acrylnitril	TP
SB	Styrol – Butadien	TP
SI	Silicon	DP
SMA	Styrol – Maleinsäureanhydrid	TP
UHMWPE	Ultrahoch molekulares PE	TP
UF	Harnstoff – Formaldehyd	DP

Tab. 2.2 (Fortsetzung)

Bezeichnung		Art[a]
UP	Ungesättigter Polyester	DP
UP-GF	Glasfaserverstärkte Polyester	DP

[a] *DP* Duroplast; *TP* Thermoplast; *G* Gummi
[b] vorausgesetzt PS enthaltend

2.4 Eigenschaften ausgewählter Kunststoffe

Nachfolgende Tab. 2.3 listet die Eigenschaften verschiedener Kunststoffe auf.

2.5 Duroplaste

Duroplaste besitzen eine *hohe Festigkeit,* eine *hohe Oberflächenhärte* und eine *hohe Formsteifigkeit.* Sie verspröden nicht bei großer Kälte und verformen sich nicht bei Hitze (bis 150 °C), siehe Tab. 2.4.

Polyester (ungesättigt) Produkte aus *Polyester* sind meist mit Glasfasern versehen, welche die Festigkeit bestimmen. Sie werden in folgenden Produkten verwendet:

- Dachrinnen
- Ebene und gewellte Platten: Dächer, Schutzdächer, Brüstungen, Balkontrennwände
- Außenschicht von „Sandwichplatten"
- Straßengully und Abflussrohre
- Kiele von Segelschiffen

Phenol-Formaldehyd-Kunststoffe (Phenoplaste, PF) Hell- bis dunkelbrauner Harz (Bakelit) mit Füllstoffen (z. B. Holzmehl für Steckdosen). Es ist gut zu schäumen, hat eine recht hohe Festigkeit und ist wasserfest. Kleber basierend auf diesem Harz werden bei Triplex-, Holzspan- und Flachfaserplatten verwendet. Auch in Wellplatten lieferbar, undurchsichtig und hohe Festigkeit.

Tab. 2.3 Eigenschaften einzelner Kunststoffe (alle Angaben sind Richtwerte)

Eigenschaften	VLDPE	LLDPE	LDPE	HDPE	PP	Hart PVC	Hoch-schlag-festes PVC	PVCC	Weich PVC
Dichte [kg/m^3]	900 bis 915	915 bis 935	918 bis 930	945 bis 965	900 bis 915	1.390	1.380	1.540	1.200
Mechanische Eigenschaften (bei 20 °C)									
Biegefestigkeit [N/mm^2]	< 10	< 15	8 bis 15	20 bis 30	40 bis 45	80 bis 110	50	90 bis 120	
Bruchdehnung [%]	600 bis 800	400 bis 800	200 bis 600	250– > 500	> 450	20 bis 50	60 bis 70	ca. 70	> 350
Druckfestigkeit [N/mm^2]			10 bis 15	22 bis 32		80	110	70 bis 80	
E-Modul [N/mm^2]	50 bis 100	90 bis 600	150 bis 1.100	700 bis 1750	1.250 bis 2.200	3.000	2.500	800	50 bis 100
Zugfestigkeit [N/mm^2]	10 bis 13	8 bis 18	9 bis 28	25 bis 34	30 bis 40	50 bis 60	23 bis 40	55 bis 65	16 bis 25
Reibungskoef-fizient zu Stahl (trocken)	> 1,3	> 1,3	0,17 bis 1,5	0,25 bis 0,30	0,5	0,55	0,5		
Thermische Eigenschaften									
Aufweichung-spunkt [°C]	60 bis 70	85 bis 130	82 bis 100	120 bis 130	90	80	55 bis 75	105	50 bis 60

Tab. 2.3 (Fortsetzung)

Eigenschaften	VLDPE	LLDPE	LDPE	HDPE	PP	Hart PVC	Hochschlagfestes PVC	PVCC	Weich PVC
Schmelzpunkt [°C]	120 bis 130	120 bis 130	105 bis 120	125 bis 135	160 bis 165	amorph	amorph	amorph	amorph
Linearer Ausdehnungskoeffizient, parallel [°C^{-1}]			200 bis 250 × 10^{-6}	200 × 10^{-6}	150 × 10^{-6}	80 × 10^{-6}	100 × 10^{-6}	60 bis 80 × 10^{-6}	100 × 10^{-6}
Zulässige Temperatur [°C]									
- max. (unbelastet)	70	70	70	90	130	70	70	100	50
- min. (unbelastet)	−95/ −130	−95/ −130	−20/ −90	−90/ −140	−20	−10	−30	−10	0
Elektrische Eigenschaften									
Dielektrizitätskonstante ε_r	2,3	2,3	2,3	2,3	2,4	3,3	3,7 bis 3,8	3,5	> 6,5
Dielektrischer Verlustfaktor tan δ	0,0003	0,0003	0,0003	0,0004	0,0005	0,02 bis 0,04	0,02 bis 0,04	0,01	0,01
Durchschlagspannung [kV/mm]	80	80	80	80	75	40	50	20	24 bis 30
Oberflächenwiderstand [Ω]	0,1 × 10^{15}	0,1 × 10^{15}	0,1 × 10^{15}	0,1 × 10^{15}	> 10 × 10^{12}	10 × 10^{12}	10^{12}	10^{12}	0,1 × 10^{12}

Tab. 2.3 (Fortsetzung)

Eigenschaften	VLDPE	LLDPE	LDPE	HDPE	PP	Hart PVC	Hoch-schlag-festes PVC	PVCC	Weich PVC
Spezifischer Widerstand [$\Omega \cdot$ m]	$0{,}1 \times 10^{21}$	$0{,}1 \times 10^{21}$	$0{,}1 \times 10^{21}$	$0{,}1 \times 10^{21}$	50×10^{18}	$0{,}5 \times 10^{18}$	10^{18}	8×10^{15}	50×10^{12}
Wasseraufnahme (bei 20 °C)									
- bei relativer Feuchtigkeit 50 %	0,1	0,1	0,1	0,1	1,0	0,2	0,2		0,2
- bei Untertauchen					1,0	3,5	3,0		

Eigenschaften	PS	ABS	PMMA gegossen	PMMA extrudiert	SMA	PC	POM	PET	PA6
Dichte [kg/m^3]	1.050 bis 1.150	1.040 bis 1.070	1.180	1.180	1.170	1.200	1.410	1.380	1.130
mechanische Eigenschaften (bei 20 °C)									
Biegefestigkeit [N/mm^2]	80	55 bis 80	140	110	45	75	110	40	30

Tab. 2.3 (Fortsetzung)

Eigenschaften	PS	ABS	PMMA gegossen	PMMA extrudiert	SMA	PC	POM	PET	PA6
Bruchdehnung [%]	15	15 bis 30	3,5	5 bis 6	3	> 110	20 bis 30	70	200
Druckfestigkeit [N/mm^2]			120	120		80	90		90
E-Modul [N/mm^2]	2.600 bis 3.200	1.800 bis 2.500	3.250	3.250	3.500	2.200	2.800 bis 3.200	2.800	1.400
Zugfestigkeit [N/mm^2]	40 bis 65	30 bis 45	75	74	50	65	25 bis 70	30 bis 45	40 bis 50
Reibungskoeffizient zu Stahl (trocken)	0,5	0,24 bis 0,45	0,54	0,54		0,55	0,25	0,5	0,3
thermische Eigenschaften									
Aufweichungspunkt [°C]	100	90	115	110	160	170	155	185	180
Schmelzpunkt [°C]	amorph	amorph	amorph	amorph	amorph	amorph	164 bis 175	255	220
linearer Ausdehnungskoeffizient, parallel [°C^{-1}]	70×10^{-6}	60 bis 110×10^{-6}	80×10^{-6}	80×10^{-6}	80×10^{-6}	60×10^{-6}	130×10^{-6}	70×10^{-6}	80×10^{-6}
zulässige Temperatur [°C]									
- max. (unbelastet)	70 bis 80	85 bis 100	70	70	125	130	90 bis 140	100	140

Tab. 2.3 (Fortsetzung)

Eigenschaften	PS	ABS	PMMA gegossen	PMMA extrudiert	SMA	PC	POM	PET	PA6
-min.(unbelastet)	-10	-70	-40	-40	-20	-100	-40	-100	-70
elektrische Eigenschaften									
Dielektrizitätskonstante ε_r	2,4 bis 2,6	3,2	3,5	3,5		3,0	4,0	3,4	4,0
dielektrischer Verlustfaktor tan δ	0,0004	0,02 bis 0,03	0,02 bis 0,06	0,04		0,007	0,001	0,002	0,02
Durchschlagspannung [kV/mm]	200	150	30	30		200	40	60	80
Oberflächenwiderstand [Ω]	10^{15}	$0,01 \times 10^{15}$	nicht messbar	nicht messbar	100×10^{15}	$> 10^{15}$	$0,01 \times 10^{15}$	$0,6 \times 10^{15}$	$0,01 \times 10^{15}$
spezifischer Widerstand [$\Omega \cdot$ m]	$> 100 \times 10^{15}$	10^{15}	$> 100 \times 10^{15}$	$> 100 \times 10^{15}$	10^{18}	10^{18}	10^{15}	$0,2 \times 10^{15}$	10^{15}
Wasseraufnahme (bei 20 °C)									
- bei relativer Feuchtigkeit 50 %	0,1	3,5				0,2	0,3	0,1	3,5
- bei Untertauchen	0,15	9,0	0,4	0,3		0,4	0,3		9,0

Tab. 2.3 (Fortsetzung)

Eigenschaften	PA6.6	PA4.6	PPO/PS (Noryl)	PTFE	PSU	PEEK	LCP
Dichte [kg/m^3]	1.140	1.180	1.060	2.150	1.240	1.280	0.1400
mechanische Eigenschaften (bei 20 °C)							
Biegefestigkeit [N/mm^2]	80	150	95			170	140
Bruchdehnung [%]	200	80	20	350 bis 550	50 bis 100	5	4 bis 8
Druckfestigkeit [N/mm^2]	110		115	40	100	120	80
E-Modul [N/mm^2]	2.000	3.300	2.500	400 bis 600	2.500	3.700	8.000 bis 20.000
Zugfestigkeit [N/mm^2]	70	80	65	25 bis 35	50 bis 60	92	140
Reibungskoeffizient zu Stahl (trocken)	0,3	0,3	0,45	0,1	0,6	0,4	0,4
thermische Eigenschaften							
Aufweichungspunkt [°C]	200	270	130		185		
Schmelzpunkt [°C]	255	285	230 bis 315	327	260	334	280 bis 410[a]
linearer Ausdehnungskoeffizient, parallel [°C^{-1}]	80×10^{-6}	73×10^{-6}	60×10^{-6}	60×10^{-6}	60×10^{-6}	50×10^{-6}	10×10^{-6}

Tab. 2.3 (Fortsetzung)

Eigenschaften	PA6.6	PA4.6	PPO/PS (Noryl)	PTFE	PSU	PEEK	LCP
zulässige Temperatur [°C]							
- max. (unbelastet)	160	160	90	260	150	260	260
- min. (unbelastet)	-60	-60	-20	-100	-40	-100	-100
elektrische Eigenschaften							
Dielektrizitätskonstante ε_r	4,0	3,9	2,6	2,0	3,2	3,2	2,8
dielektrischer Verlustfaktor tan δ	0,03	0,01	0,001	0,0005	0,004	0,003	0,004
Durchschlagspannung [kV/mm]	40	30	55	55	20	190	200
Oberflächenwiderstand [Ω]	$0,1 \times 10^{15}$	8×10^{15}	5×10^{15}	5×10^{15}	30×10^{15}	50×10^{15}	10×10^{15}
spezifischer Widerstand [$\Omega \cdot$ m]	10^{15}	$10 \cdot 10^{15}$	$10 \cdot 10^{18}$	$10 \cdot 10^{18}$	10^{18}	10^{18}	10^{18}
Wasseraufnahme (bei 20°C)							
- bei relativer Feuchtigkeit 50%	2,5	3,7	0,1	0,1	0,3	0,5	0,1
- bei Untertauchen	8 bis 9	2,3	0,15	0,1	0,8	0,5	0,1

[a]abhängig von der Art

Tab. 2.4 Eigenschaften der Duroplaste (je nach Füllstoff und Menge)

Eigenschäften		PF	MF	UF
Elastizitätsmodul	N/mm^2	5500 bis 15.000	5000 bis 12.000	5000 bis 10.000
Zugfestigkeit	N/mm^2	15 bis 50	20 bis 50	25 bis 50
Druckfestigkeit	N/mm^2	100 bis 240	140 bis 250	180 bis 240
Biegefestigkeit	N/mm^2	50 bis 70	40 bis 80	50 bis 80
Formbeständigkeit nach MARTENS	°C	125 bis 150	120 bis 130	100
Spez. Durchgangswiderstand	Ω cm	10^8 bis 10^{12}	10^8 bis 10^{11}	10^{11}
Dielektrizitätszahl	–	4 bis 15	5 bis 10	5 bis 7
Dielektrischer Verlustfaktor	–	0,03 bis 0,1	0,1 bis 0,3	0,1
Durchschlagfestigkeit	kV/mm	50 bis 200	50 bis 150	100 bis 150

Harnstoff-Formaldehyd-Kunststoffe (UF) Farblos, auch für hellgefärbte Objekte verwendbar. Empfindlicher für Umgebungs- und Temperatureinflüsse als Phenol-Formaldehyd-harze. Ebenfalls für elektrotechnische Artikel, Schubladen, Toilettenbrillen. Für thermische Isolationen geschäumt. Auch als Kleberbasis.

Melamin-Formaldehyd-Kunststoffe (MF) Hochwertiger Duroplast, hauptsächlich für elektrotechnische Artikel, Beschichtung von dekorativem Plattenmaterial (Möbel), Behausung und Kleberarten.

Faserverstärkte Kunststoffe (Composits, GFK) Werden Duroplaste mit Fasern verstärkt, dann ergeben sich verbesserte mechanische Eigenschaften. In der Zugrichtung kann der Elastizitätsmodul (E-Modul), abhängig vom gewählten Fasertyp, um den Faktor 20 bis 50 und die Zugfestigkeit bis maximal 25 zunehmen. Die verstärkten Duroplaste sind wegen ihrer *hohen Steifheit* und *Festigkeit pro Gewichtseinheit* als Konstruktionswerkstoffe sehr begehrt. Die Verbindung zwischen der Matrix und den Fasern ist von entscheidender Bedeutung und wird häufig durch das Auftragen einer Verbindungsschicht auf den Fasern verbessert (Tab. 2.5).

Als Matrixmaterialien kommen in Frage:

- ungesättigte Polyester aus Glykolen und Maleinsäure, vernetzt mit Styrol.
- Epoxide aus Biphenol A und Epichlorhydrin, vernetzt mit Diaminen.

Tab. 2.5 Eigenschaften von GFK-Kunststoffen

Eigenschatten		UP-GF			EP-GF	
Gasgehalt	%	30	60	65	50	65
Elastizitätsmodul	N/mm^2	9000 bis 12.000	19.000	28.000	11.000	18.000 bis 30.000
Zugfestigkeit	N/mm^2	120 bis 160	340	630	230	340 bis 750
Druckfestigkeit	N/mm^2	140	270	400	220	320 bis 600
Biegefestigkeit	N/mm^2	130 bis 160	350	550	280	420 bis 500
Bruchdehnung	%	2			2	

Als Fasermaterialien werden eingesetzt:

- Glas, Kohlenstoff, Aramide und keramische Fasern.

Anwendungen: Schiffsbau (Polyester mit Glas oder Aramiden), Automobilindustrie (SMC, BMC), Luft- und Raumfahrt (Epoxide mit Kohlenstoff- oder Aramidverstärkung), Skier und Angelruten (Epoxide mit Kohlenstoffverstärkung).

2.6 Thermoplaste

Thermoplaste sind wiederholt plastisch formbar, schmelzbar und können geschweißt werden (Tab. 2.6).

Während der Bearbeitung treten verschiedene Zustandsbereiche auf, siehe Abb. 2.3 und Abb. 2.4.

Cellulose und Cellulosederivate Regenerierte Cellulose aus Cellulose:
Anwendungen: Rayon (Kunstseide), Cellophan, Textilfasern und Schwämme.

Cellulose-Ester:

- *Nitratester*: Lacke, Folien.
- *Acetat- und Propionatester* (abhängig vom Substitutionsgrad): Fasern, Lacke, Folien, Fotofilme.

Tab. 2.6 Eigenschaften von PE- und PP-Kunststoffen

Eigenschaften		PE-LD	PE-HD	PP
Elastizitätsmodul	N/mm^2	150 bis 300	600 bis 1000	1100 bis 1300
Streckspannung	N/mm^2	8 bis 10	20 bis 30	32 bis 37
Dehnung bei Strekspannung	%	20	12 bis 15	12 bis 16
Reißdehnung	%	> 400	> 500	600
Formbeständigkeit nach VICAT	°C	< 40	60 bis 65	90 bis 100
Kristallitschmelzbereich	°C	105 bis 110	130 bis 135	155 bis 165
Spez. Durchgangswiderstand	Ω cm	10^{16}		
Dielektrizitätszahl	–	2,3		
dielektrischer Verlustfaktor	–	0,0002 bis 0,0007		
Durchschlagfestigkeit	kV/mm	110	150	100

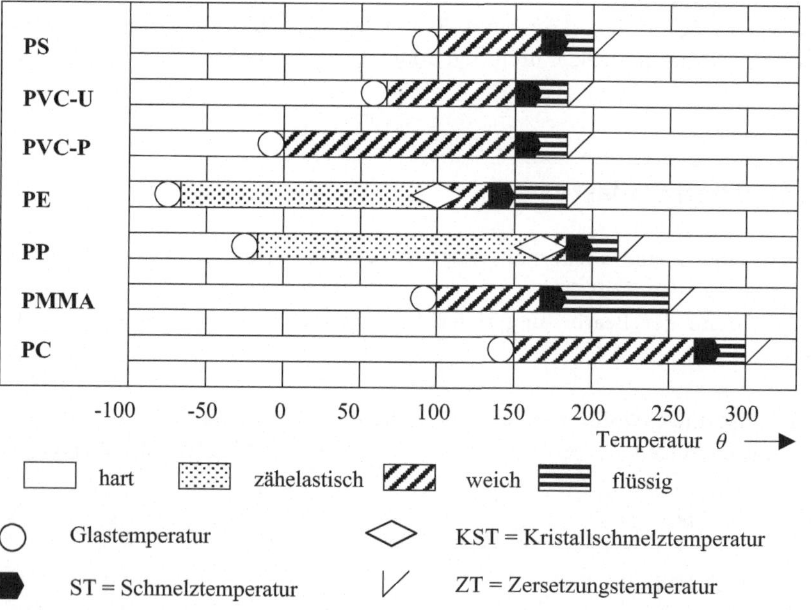

Abb. 2.3 Zustandsbereiche von Thermoplasten

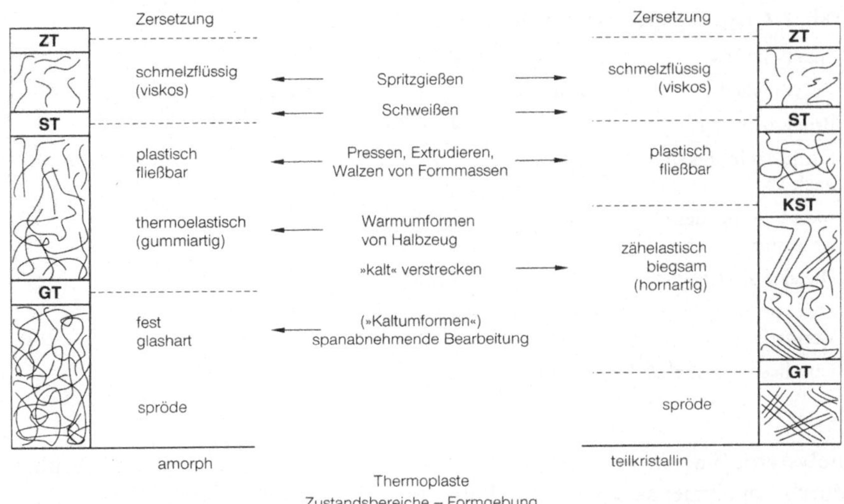

Abb. 2.4 Zustandsbereiche und Formgebungsmöglichkeiten von Thermoplasten (*GT*: Glasübergangs-Temperatur, *KST*: Kristallit-Schmelztemperatur, *ST*: Schmelztemperatur, *ZT*: Zersetzungstemperatur)

Cellulose-Ether:

- *Methylcelluslose*: Verdickungsmittel in Lebensmittel, Bestandteil von Kosmetik, Coating-Material für pharmazeutische Produkte.
- *Ethylcellulose*: Anwendung in Farben, Lacke, Tinte und Firnis.
- *Hydroxyethylcellulose*: Farben, Kleber.
- *Carboxymethylcellulose*: in Verdickungsmitteln, Waschmitteln, Farben.

Polyethylen (LDPE, LLDPE, HDPE, UHMWPE) Erhältlich in Blasfolien-, (Blas-) extrusions- und Spritzgussqualität. Die Blasfolien werden beispielsweise als Tüten, Schrumpffolien (eventuell mehrschichtig), Lebensmittelverpackungen und Landbau-folien verwendet. Die Blasextrusionstypen werden zur Herstellung von Flaschen und Fläschchen verwendet. Übrige Extrusionsgrade werden als Coatingmaterialien, diverse Leitungstypen und Abwasserrohre (inkl. Zusatzteile), Benzintanks, Kabelummantelungen und Filme eingesetzt. Mittels des Spritzgießens werden Produkte wie Kappen, Getränkekästen oder kleine Container verarbeitet.

Tab. 2.7 Eigenschaften von PVC-Kunststoffen

Eigenschaften		PVC	PVC-E	PVC-S
Zugfestigkeit	N/mm^2	> 3000	2000 bis 3000	2000 bis 3000
Bruchdehnung	%	500 bis 600		
Formbeständigkeit nach Vicat	°C	> 40	10 bis 50	10 bis 20
spez. Durchgangswiderstand	Ω cm	> 10^{15}	> 10^{15}	> 10^{16}
Dielektrizitätszahl	–	2,7 bis 3,5		
dielektrischer Verlustfaktor	–	0,02 bis 0.03 (gedeckt) 0,013 bis 0,015 (transparent)		
Durchschlagfestigkeit	kV/mm	20 bis 40		

Polystyrol (PS) PS ist porös, erweicht bei 70 °C; schlagbeständiges PS(erhältlich durch Copolymerisation mit Acrylnitril, Butadien oder SBR) ist bis 90 °C brauchbar. Es wird angewendet in Haushaltsgeräten, Fliesen, Schalen, Kaffeebecher, Wegwerfverpackungen, Kühlschrankeinrichtungen, Schreibwaren.

Polyvinylchlorid (PVC) *Hart PVC (PVC-U)*: enthält keine hinzugefügten Weichmacher (hornähnlich, ziemlich porös).

Weiches PVC (PVC-P): plastische Ausführung mit 20 bis 70 Massenprozent Weichmacher.

PVC ist nicht brennbar, verformbar bei etwa 130 °C und löst sich ab 170°C bis 180 °C auf. PVC lässt sich gut kleben. Es ist in Form von verschiedenen Copolymeren zur Erhöhung der Schlagbeständigkeit, Niedrigtemperaturzähigkeit und geringe Empfindlichkeit gegenüber Umwelteinflüssen erhältlich: beispielsweise mit chloriertem PVC, Acrylestern oder EVA.

Anwendung in verschiedenen Rohrtypen (mit CE-Kenn-zeichnung): in Elektroinstallationen, Wasserleitungen, Gasleitungen, Innen- und Außenabflüsse, Drainagerohre etc. Weiches PVC wird vor allem in Schläuchen, Folien in der Bauindustrie (Dachbau) und der Lebensmittelverpackungsindustrie und für Folien zur Fertigstellung von Möbeln angewendet. Es ist auch in Form von Platten u. a. für Bodenbeläge, Wände, Dächer, Leisten und Rollläden erhältlich. Eigenschaften sind in Tab. 2.7 aufgeführt.

Polymethylmetacrylat (PMMA) Glasklare und gefärbte, ebene oder gewellte Platte, Rohr, als Lichtkuppel in runder, viereckiger oder rechteckiger Form und als Waschbecken, Beleuchtungsornamente. Wird auch als Augenlinsenmaterial, Lineale und Schablonen verwendet (Tab. 2.8).

Tab. 2.8 Eigenschaften von PMMA- und PC-Kunststoffen

Eigenschaften		PMMA			PC
		Formmasse	gegossen	Cop.	
Elastizitätsmodul	N/mm^2	2000 bis 3000	2000	1500	1000
Zugfestigkeit/ Streckspannung[1]	N/mm^2	50 bis 80	80	90	60 bis 70[1]
Druckfestigkeit	N/mm^2	120 bis 135	140	140	80 bis 85
Biegefestigkeit/ Grenzbiegespannung[1]	N/mm^2	00 bis 140	135	165	90 bis 105[1]
Formbeständigkeit nach VICAT	°C	80 bis 110	125	95	145 bis 165

[1]Der erste Festigkeitskennwert gilt für PMMA, der zweite für PC

Acrylnitril – Butadien – Styrol (ABS) Ist in sehr schlagbeständiger Form erhältlich und weist nach Bearbeitung eine makellose Oberfläche auf. Gute chemische Resistenz und mechanische Eigenschaften, jedoch schlechte Beständigkeit gegen UV-Licht und Wettereinflüsse. Es kann sehr gut eingefärbt oder metallisiert werden. Es kommt in vielen Modifikationen vor. Spritzgussanwendungen: Behausungen, Sicherheitshelme, Spielzeug, Griffe von Koffern, Föne. Als extrudierte Folien oder Platten für Koffer, Kleidungsmaterialien, Profile (Ski, Surfbrett), Bestandteile von Lastkraftwagenfahrerkabinen angewendet.

Polyethylen (PE) PE kann sehr vielseitig eingesetzt werden und ist sehr leicht zu verarbeiten. Die Bezeichnung folgt DIN EN ISO 1872. PE ist beständig gegen wässrige Säuren, Laugen, Alkohol, Öl und Benzin. Von konzentrierten Säuren und Halogenen wird es angegriffen.

Polypropylen (PP) PP nimmt bezüglich des Produktionsvolumen unter den Thermoplasten nach PE und PVC den dritten Rang ein. Es weist attraktive Eigenschaften auf (*hohe Schlagfestigkeit*, gute *chemische Resistenz, leichte Bearbeitbarkeit*) und wird häufig in anspruchsvollen Anwendungsbereichen eingesetzt. Es ist auch als Copolymer erhältlich (mit hohen Schlagfestigkeiten). Es ist besser zu leimen als PE. Es wird vor allem bei Spritzgussanwendungen eingesetzt: u. a. Bestandteile von Haushaltsgeräten, Küchenartikel, Spielzeug, Antennenbestandteile, Kappen, Scharniere. Als Extrusionsprodukt wird es auch in der pharmazeutischen Industrie (Fläschchen) und in der Automobilindustrie (z. B. Bestandteile von Armaturen) verwendet (Tab. 2.9).

Tab. 2.9 Eigenschaften von PE- und PP-Kunststoffen

Eigenschaften		PE-LD	PE-HD	PP
Elastizitätsmodul	N/mm^2	150 bis 300	600 bis 1000	1100 bis 1300
Streckspannung	N/mm^2	8 bis 10	20 bis 30	32 bis 37
Dehnung bei Sireckspannung	%	20	12 bis 15	12 bis 16
Reißdehnung	%	> 400	> 500	600
Formbeständigkeit nach Vicat	°C	< 40	60 bis 65	90 bis 100
Kristallitschmelzbereich	°C	105 bis 110	130 bis 135	155 bis 165
spez. Durchgangswiderstand	Ω cm	10^{16}		
Dielektrizitätszahl	–	2,3		
dielektrischer Verlustfaktor	–	0,0002 bis 0,0007		
Durchschlagfcstigkeit	kV/mm	110	150	100

Tab. 2.10 Eigenschaften von PA-Kunststoffen

Eigenschaften		PA 6	PA 66	PA 610	PA 11	PA 12
Elastizitätsmodul	N/mm^2	1400	2000	1500	1000	1600
Streckspannung	N/mm^2	40	65	40	70	45
Bruchdehnung	%	200	150	500	500	300
Formbeständigkeit nach Vicat	°C	> 180	> 200	170	170	165
spez. Durchgangswiderstand	Ω cm	101^5				
Dielektrizitätszahl trocken/feucht	–	4/7	4/6	3/4	3/4	4/4
dielektrischer Verlustfaktor trocken/feucht	–	0,03/0,3	0,02/0,15	0,03/0,2	0,03/0,06	0,04/0,09

Polyamid (PA) Wegen ihrer *hervorragenden mechanischen Eigenschaften* werden sie als Konstruktionswerkstoffe im Maschinenbau eingesetzt. PA besitzt eine *hohe Festigkeit, große Zähigkeit* und einen *starken Widerstand gegen Verschleiß*. Es ist Ausgangsmaterial für hoch belastbare Maschinenelemente (Tab. 2.10).

2.7 Kunststoff-Prüfungen

Kunststoffe haben für bestimmte Anwendungen definierte Eigenschaften vorzuweisen. In einem Überblick sind diese Eigenschaften zusammengestellt (Tab. 2.11).

2.8 Gummi (Elastomere)

Naturgummi(NG) $- 60\,°C$ bis $+ 60\,°C$
Vorteile: Hohe Schlagelastizität, kalte Flexibilität, Rissfestigkeit und Verschleißbeständigkeit.

Nachteile: Schlechte Gasdichtheit und Anfälligkeit für chemische Flüssigkeiten. Angewandt in LKW-Reifen und dort, wo eine hohe Dehnbarkeit verlangt wird: Ballons, (chirurgische) Handschuhe, Textilkleidung, Transportbänder.

Styrolbutadiengummi (SBG) $- 30\,°C$ bis $+ 70\,°C$
Der wichtigste synthetische Gummi mit *sehr hoher Verschleißbeständigkeit*. Wird in Schuhsohlen verarbeitet, dient für Kabelum-mantelung, Dichtungen, Autoreifen und Fußbodenbelag.

Butylgummi (BG) $- 30\,°C$ bis $+ 120\,°C$
Synthetisches Gummi, ein Copolymerisat von Isobutan und Isopren. Hat eine *sehr hohe Gasdichtheit*, hat *Bestand gegen Kälte* und *Einwirkung von Sauerstoff*. Anwendung vor allem in Innenreifen und Transportbändern und in Kabelummantelungen.

Neoprengummi (CG) $- 60\,°C$ bis $+ 90\,°C$
Mittlere chemische Resistenz, vor allem für Mineralöle. *Flammdämmend* und *sehr wetterfest*. Anwendung in Schläuchen (Öltransport), in Dächern und als Bauprofile.

Silicongummi (M... Q, Si) $- 60\,°C$ bis $+ 250\,°C$
Flexibilität über ein sehr großes Temperaturgebiet. *Großer Widerstand gegen Alterung* durch UV-Licht und Ozon. *Sehr gute elektrische Isolation*. Anwendung in der Kühltechnik, Elektrotechnik, Kabel- und Flugzeugindustrie.

Ethylen – Propylen – Diengummi $- 50\,°C$ bis $+ 150\,°C$ (EPM/EPDM)
Sehr hochwertiger synthetischer Gummityp mit *hoher Resistenz gegen Chemikalien, UV-Strahlung* und *Wettereinflüsse* (ausreichende Stabilisation vorausgesetzt). Wird auch in Mischungen, beispielsweise mit PP geliefert. Anwendungen als schlagfestes Material für Stoßstangen. Auch für Dichtungen in Automobilen und Bauprofile.

Tab. 2.11 Eigenschaften von Kunststoffen

Thermoplaste: PP, PE-LD/HD, PS rein, PS-COP (ABS), PVC-P, PVC_U, PA 6…12, PMMA, PC — Duroplaste: PF, UF, MF, UP. (F = Folien, M = Massive Teile; ■ = markierte/schraffierte Zelle.)

Merkmale	PP (F)	PP (M)	PE-LD	PE-HD	PS rein (F)	PS rein (M)	PS-COP/ABS (F)	PS-COP/ABS (M)	PVC-P (F)	PVC-P (M)	PVC_U (F)	PVC_U (M)	PA 6…12 (F)	PA 6…12 (M)	PMMA (F)	PMMA (M)	PC (F)	PC (M)	PF (M)	UF (M)	MF (M)	UP (M)
Dichte (g/cm³)	0.9		0.92	0.96	1.05		~1,1		1,2…1,35		1.38		1,0…1,13		1.18		1.2		-	-	-	-
Schmelztemperatur (°C)	165		105	130	240						180		>185		160		~265		-	-	-	-
Folien = F, Massive Teile = M	F	M	F	M	F	M	F	M	F	M	F	M	F	M	F	M	F	M	M	M	M	M
Färbung – transparent	■		■		■				■		■		■			■	■					
Färbung – glasklar						■				■		■				■		■				■
Färbung – durchscheinend			■	■				■		■		■										
Färbung – hell-gedeckt (farbig)			■	■		■		■		■		■		■		x				■	■	■
Färbung – dunkel				■										■					■			
Oberfläche – kratzempfindlich		x														■						
Oberfläche – kratzfest						■		■											■	■	■	■
Oberfläche – wachsartig-fettig			■	■																		
Zustand – spröde						■										■						
Zustand – hart (h) schlagfest	■			■	h			■				h		■				■	■	■	■	■
Zustand – biegsam, elastisch		■	■	■																		
Zustand – flexibel, gummiartig									■	■												
Zustand – metallischer Klang					■	■	■	■														

(Linke Randbeschriftung der Tabelle: **Äußere Merkmale**, untergliedert in **Färbung**, **Oberfläche**, **Zustand**.)

Tab. 2.11 (Fortsetzung)

Brennprobe in offener Flamme (▒ = zutreffend/Kennzeichnung, x = Markierung)

Gruppe	Merkmale	Thermoplaste																	Duroplaste			
		PP		PE- LD HD		PS rein		PS- COP (ABS)		PVC-P		PVC_U		PA 6...12		PMMA		PC		PF	UF	MF	UP
	Dichte (g/cm³)	0.9		0.92	0.96	1.05		~1,1		1,2...1,35		1.38		1,0...1,13		1.18		1.2		-	-	-	-
	Schmelztemperatur (°C)	165		105	130	240						180		>185		160		~265		-	-	-	-
	Folien = F, Massive Teile = M	F	M	F	M	F	M	F	M	F	M	F	M	F	M	F	M	F	M	M	M	M	M
Brennbarkeit	brennt nicht																						
	brennt nur in der Flamme									▒	▒							▒	▒				
	brennt weiter	▒	▒	▒	▒	▒	▒	▒	▒	(x)				▒	▒	▒	▒						▒
	verkohlt									▒	▒	▒	▒										
Flamme	gelb (leuchtend)					▒	▒			x						▒	▒	▒	▒				
	gelb, grüner Saum									▒	▒												
	blaulicht (farblos)													▒	▒								
	blau, gelber Rand	▒	▒												x								
	knisternd													▒	▒	▒	▒						
	rußend					▒	▒	▒	▒	x		x						▒	▒				▒
Schmelze	tropft ab blasig													▒	▒				x				
	tropft ab glatt	▒	▒	▒	▒												x						
	fadenziehend													▒	▒								

Tab. 2.11 (Fortsetzung)

In the left margin of the table the spanning labels read: **Erhitzen im Reagenzglas** (all body rows), subdivided into **Schmelzverhalten** (erweicht … zersetzt sich), **Färbung** (springt … schwarz) and **Geruch der Rauchschwaden** (süßlich … nach verbranntem Horn). Shaded (dotted) cells are marked ▨.

Merkmale	Thermoplaste									Duroplaste			
	PP	PE-LD/HD	PS rein	PS-COP (ABS)	PVC-P	PVC_U	PA 6…12	PMMA	PC	PF	UF	MF	UP
Dichte (g/cm³)	0.9	0.92　0.96	1.05	~1,1	1,2…1,35	1.38	1,0…1,13	1.18	1.2	-	-	-	-
Schmelztemperatur (°C)	165	105　130	240			180	>185	160	~265	-	-	-	-
Folien = F, Massive Teile = M	F　M	F (LD)　M (HD)	F　M	F　M	F　M	F　M	F　M	F　M	F　M	M	M	M	M
erweicht	▨	▨				▨		▨					
wird klar	▨	▨					▨						
schmilzt	▨	▨	▨						▨				
zersetzt sich	▨	▨	vergast	▨	▨	▨		▨		▨	▨	▨	
springt											▨	▨	▨
dunkel												▨	▨
braun-schwarz					▨	▨				Aufblähen			
schwarz				▨									
süßlich	▨		Leuchtgas										
stechend scharf					▨	▨							
fruchtartig								▨					
paraffinartig	▨	▨											
nach Phenol (Formaldehyd)									▨	▨		x	x
nach Salzsäure					▨	▨							
nach Ammoniak										x		▨	▨
nach verbranntem Horn							▨						
Reaktion der Schwaden	n	n	n	n(s)	ss	ss	a	n	s	n(a)	a	a	n/a

a = alkalisch　　n = neutral
s = sauer　　ss = stark sauer
x = manchmal

Thermoplastische Elastomere $- 30\,°C$ bis $> +120°C$
Styrol–Butadien–Styrol (SBS) Blockcopolymere, thermoplastische Polyurethane und Polyester. Können als Thermoplaste ohne einzelne Vulkanisationsschritte verarbeitet werden. Hohe Elastizität und hoher Reibungskoeffizient. Anwendungen vor allem in der Schuhindustrie, in der Automobilindustrie, für Schläuche und in diversen Haushaltsartikeln.

2.9 Kunststoff-Schäume

Diese Kunststoff-Schäume mit meist geschlossenen Zellen werden in der Bauindustrie in vorgefertigter Form als Platten, Schalen, Streifen, Granulate, aber auch als in situ geformte Schäume eingesetzt. Vor Ort fertiggestellter (nur thermohärtend) Schaum wird beispielsweise in Hohlräumen verwendet.

Polystyrolschaum $12\,kg/m^3$ bis $60\,kg/m^3$
Weiß mit geschlossener Zellenstruktur. Preisgünstiges Material für Kontaktschallisolation, Wärmeisolation, als Zugabematerial für leichtgewichtigen Beton und Wegwerfverpackungen für „Fast-food".

PVC-Schaum $40\,kg/m^3$
Cremefarben bis hellgelb mit geschlossener Zellstruktur oder gemischt (recht kostspielig), aber mit geschlossener Zellstruktur und gut dampfdicht.

Polyurethanschaum $20\,kg/m^3$ bis $100\,kg/m^3$
Weiß bis grau gefärbt. Hartschaumarten mit überwiegend geschlossenen Zellen, weiche Arten sowohl mit offenen als auch mit geschlossenen Zellen. Wird hauptsächlich in der Bau- und der Automobilindustrie eingesetzt.

Phenolformaldehydschaum $20\,kg/m^3$ bis $100\,kg/m^3$
Orange bis (dunkel)braun gefärbter Schaum mit 50 % bis 70 % geschlossenen Zellen, hohe Festigkeit, aber porös. Für kurze Zeit bis zu $250\,°C$ brauchbar. Nimmt relativ viel Wasser auf. Kommt in vorgefertigter Form vor, wird aber auch in situ verarbeitet.

Harnstoffformaldehydschaum $30\,kg/m^3$ bis $50\,kg/m^3$
Mit offener Zellstruktur und ebenso mit recht hoher Wasseraufnahme. Vor allem für thermische Isolation von Dächern und Leitungen, für Schallisolation und Hohlraumfüllung.

Sandwichplatten
Werden häufig mit Polystyrol- und Polyurethanschaum verarbeitet. Oft mit Außenschichten von PVC oder PE und mit glasfaserverstärktem Polyesterharz.

Was Sie aus diesem Essential mitnehmen können

- Bezeichnungen für Kunststoffe
- Eigenschaften von Kunststoffen (Duroplaste, Thermoplaste, Elastomere, Schäume)
- Gebräuchliche Einsatzgebiete und Einsatzbereiche von Kunststoffen

B. Schröder, *Kunststoffe für Ingenieure*, essentials,
DOI 10.1007/978-3-658-06399-3, © Springer Fachmedien Wiesbaden 2014

Literatur

Hering E, Schröder B (2013) Springer Ingenieurtabellen. Springer, Berlin

B. Schröder, *Kunststoffe für Ingenieure*, essentials,
DOI 10.1007/978-3-658-06399-3, © Springer Fachmedien Wiesbaden 2014